Ma ménagerie privée

d'après les oeuvres de Théophile Gautier tome 19

Théophile Gautier

(**Editeur** : Frederick C. de Sumichrast)

(**Traducteur** : Frederick C. de Sumichrast)

Writat

Cette édition parue en 2024

ISBN : **9789361465499**

Publié par
Writat
email : info@writat.com

Contenu

I
ANTIQUITÉ

je J'AI souvent été caricaturé en costume turc, assis sur des coussins et entouré de chats si familiers qu'ils n'hésitaient pas à grimper sur mes épaules et même sur ma tête. La caricature est en vérité légèrement exagérée, et je dois avouer que toute ma vie j'ai été aussi friande d'animaux en général et de chats en particulier que n'importe quel brahmane ou vieille fille. Le grand Byron trottait toujours avec lui une ménagerie, même en voyage, et il fit ériger , dans le parc de l'abbaye de Newstead, un monument à son fidèle chien de Terre-Neuve, Boatswain, avec une inscription en vers de sa propre écriture . Je ne peux pas être accusé d'imitation en ce qui concerne notre goût commun pour les chiens, car cet amour s'est manifesté en moi à un âge où j'ignorais encore l'alphabet.

Homme intelligent étant actuellement occupé à préparer une « Histoire des animaux de lettres », je prends ces notes dans lesquelles il pourra trouver, en ce qui concerne mes propres animaux, des renseignements dignes de confiance.

Le premier souvenir de ce genre que j'ai remonte à mon arrivée à Paris en provenance de Tarbes. J'avais alors trois ans, de sorte qu'il est difficile d'accréditer les propos de Mirecourt et Vapereau , qui affirment que je « ne me suis révélé qu'un élève indifférent » dans ma ville natale. Le mal du pays, d'une violence que personne ne croirait qu'un enfant soit capable de vivre, s'est abattu sur moi. Je parlais uniquement notre dialecte local, et les gens qui parlaient français « n'étaient pas les miens ». Je me réveillais au milieu de la nuit et je demandais si nous n'allions pas bientôt commencer notre retour dans notre propre pays.

Aucune friandise ne me tentait , aucun jouet ne pouvait m'amuser . Les tambours et les trompettes ne parvinrent pas non plus à soulager ma tristesse. Parmi les objets et les êtres que je regrettais figurait un chien nommé Cagnotte , qu'il avait été impossible d'amener avec nous. Son absence me pesait à tel point qu'un matin, après avoir jeté par la fenêtre mes petits soldats de plomb, mon village allemand aux maisons peintes et mon violon rouge vif, j'allais reprendre le même chemin pour revenir que le plus vite possible à Tarbes, aux Gascons et à Cagnotte . Je fus saisi par la veste à temps, et Joséphine, ma bonne, eut l'heureuse pensée de m'annoncer que Cagnotte , fatiguée de nous attendre, arrivait le jour même en diligence. Les enfants acceptent l'improbable avec une foi naïve ; rien ne leur paraît impossible ; seulement, il ne faut pas les tromper, car rien ne peut altérer la fixité d'une idée bien arrêtée dans leur cerveau. Je demandais, tous les quarts d'heure, si

Cagnotte n'était pas encore là. Pour me calmer, Joséphine acheta au Pont-Neuf un petit chien qui n'était pas sans rappeler le spécimen tarbais. Je n'étais pas sûr de son identité, mais on m'a dit que voyager changeait beaucoup les chiens. Je fus satisfait de l'explication et acceptai le chien du Pont- Neuf comme étant l'authentique Cagnotte . Il était très doux, très aimable et très sage. Il me léchait les joues, et en effet sa langue n'hésitait pas à lécher aussi les tranches de pain et de beurre coupées pour mon thé de l'après-midi. Nous vivions dans les meilleurs termes les uns avec les autres.

Mais bientôt le prétendu Cagnotte devint triste, troublé, et ses mouvements perdirent leur liberté. Il avait du mal à se recroqueviller, perdait sa joyeuse agilité, respirait fort et ne pouvait pas manger. Un jour, en le caressant, j'ai senti une couture qui coulait le long de son ventre, qui était très gonflé et très serré. J'ai appelé mon infirmière. Elle vint, prit une paire de ciseaux, coupa le fil, et Cagnotte , débarrassé d'une sorte de pardessus en peau d'agneau frisée, dans lequel il avait été affublé par les marchands du Pont- Neuf pour le faire ressembler à un caniche, parut dans tous les sens. l'apparence misérable et la laideur d'un chien des rues, d'un bâtard sans valeur. Il avait grossi et son maigre vêtement l'étouffait. Une fois débarrassé de sa carapace, il remuait les oreilles, étirait ses membres et se mettait à gambader joyeusement dans la pièce, ne se souciant pas d'être laid pourvu qu'il soit à l'aise. Son appétit revint, et il compensa par ses qualités morales son manque de beauté. En compagnie de Cagnotte, je perdais peu à peu, car c'était un véritable enfant de Paris, le souvenir de Tarbes et des hautes montagnes visibles de nos fenêtres ; J'ai appris le français et je suis aussi devenue une parisienne à fond.

Le lecteur ne doit pas supposer que c'est une histoire que j'ai inventée dans le seul but de le divertir. C'est littéralement vrai, et cela prouve que les marchands de chiens d'alors étaient tout aussi habiles que les coupeurs de chevaux dans l'art de maquiller leurs animaux et de recueillir les acheteurs.

Après la mort de Cagnotte , mon goût s'est plutôt porté sur les chats, car ils étaient plus sédentaires et plus friands de la cheminée. Je ne tenterai pas de raconter leur histoire en détail. Des dynasties de félins, aussi nombreuses que les dynasties de rois égyptiens, se sont succédées chez nous. L'accident, la fuite ou la mort les expliquaient tour à tour. Ils étaient tous aimés et regrettés ; mais la vie est faite d'oubli, et le souvenir des chats passe comme le souvenir des hommes.

Il est triste que la vie de ces humbles amis, de ces frères inférieurs, ne soit pas proportionnée à celle de leurs maîtres.

Je me contenterai de citer un vieux chat gris qui prenait parti pour moi contre mes parents et mordait les chevilles de ma mère lorsqu'elle me grondait ou semblait sur le point de me punir, et j'en viens immédiatement à Childebrand , un chat de l'époque romantique. . Ce nom suffit à faire comprendre au lecteur le désir secret que j'éprouvais de me heurter à Boileau , que je n'aimais pas alors, mais avec qui j'ai depuis fait la paix. On se souvient que Nicolas dit :

"Oh! notion ridicule de poète ignorant
Qui, parmi tant de héros, choisit Childebrand !

Il me semblait que cet homme n'était finalement pas si ignorant, puisqu'il avait choisi un héros dont personne ne connaissait rien ; et, en outre, Childebrand m'a semblé être un nom mérovingien, médiéval et gothique aux cheveux longs, infiniment préférable à tout nom grec, tel qu'Agamemnon, Achille, Idomeneus , Ulysse, ou d'autres de ce genre. Telles étaient les habitudes de notre époque, du moins en ce qui concerne les jeunes gens : car jamais, pour reprendre l'expression qui apparaît dans le récit des fresques de Kaulbach sur les murs extérieurs de la Pinacothèque de Munich, jamais l'hydre de Le « perruquinisme » *dresse* la tête avec plus de férocité, et sans doute les classiques appelaient leurs chats Hector, Patrocle ou Ajax.

Childebrand était un splendide chat de gouttière, à poil court , rayé noir et feu, comme les malles portées par Saltabadil dans "le Roi ". s'amuse . Ses grands yeux verts aux pupilles en amande et ses rayures régulières de velours lui donnaient un air de tigre lointain qui me plaisait. « Les chats sont les tigres des pauvres diables », ai-je écrit un jour. Childebrand eut l' honneur d'entrer dans quelques-uns de mes vers, encore parce que je voulais taquiner Boileau :

« Alors je vous décrirai ce tableau de Rembrandt, qui m'a tant plu ; et mon chat Childebrand , comme à son habitude, se reposant sur mes genoux et me regardant anxieusement, suivra les mouvements de mon doigt pendant que dans l'air il dessine l'histoire pour la rendre claire.

Childebrand convenait bien à Rembrandt, car les vers étaient destinés à une profession de foi romantique adressée à un ami, décédé depuis, et alors tout aussi enthousiaste admirateur de Victor Hugo, Sainte-Beuve et Alfred de Musset comme j'étais.

Je suis obligé de dire de mes chats ce que don Ruy Gomez de Silva disait à don Carlos, lorsque celui-ci s'impatientait devant l'énumération des ancêtres du premier, à commencer par don Silvius « qui fut trois fois consul de Rome », c'est-à-dire : « Je laissez-en quelques-uns et des plus grands, et j'en arriverai à Madame- Théophile , une chatte rousse à poitrine blanche, au nez rose et aux yeux bleus, ainsi appelée parce qu'elle vivait avec moi sur le pied de l'intimité conjugale. Elle dormait au pied de mon lit, dormait sur le bras de mon fauteuil pendant que j'écrivais, descendait dans le jardin et m'accompagnait dans mes promenades, s'asseyait aux repas avec moi et s'appropriait souvent les morceaux qui sortaient de mon assiette. à ma bouche.

Un jour, un de mes amis, qui partait quelques jours hors de la ville, m'a confié son perroquet en me demandant de m'en occuper pendant son absence. L'oiseau, se sentant étrange dans ma maison, était monté, s'aidant de son bec, tout en haut de son perchoir, et, l'air assez ahuri, roulait autour de ses yeux qui ressemblaient aux clous dorés des fauteuils , et plissait les yeux. membrane blanchâtre qui lui servait de paupières. Madame- Théophile n'avait jamais vu de perroquet, et elle était visiblement très intriguée par cet étrange oiseau. Immobile comme une momie égyptienne dans son réseau de bandes, elle le regardait d'un air de profonde méditation et rassemblait tout ce qu'elle avait pu ramasser d'histoire naturelle sur les toits, dans la cour et dans le jardin. Ses pensées se reflétaient dans son regard changeant, et je pus y lire le résultat de son examen : « C'est incontestablement un poulet. »

Parvenue à cette conclusion, elle sauta de la table sur laquelle elle s'était postée pour faire ses investigations, et s'accroupit dans un coin de la pièce, à plat ventre, les coudes écartés, la tête basse, l'épine dorsale musclée tendue. , comme la panthère noire du tableau de Gérome , observant les gazelles se dirigeant vers l'abreuvoir.

Le perroquet suivait ses mouvements avec une anxiété fiévreuse, gonflant ses plumes, faisant trembler sa chaîne, levant sa patte et remuant ses griffes, et aiguisant son bec sur le bord de sa semence. Son instinct l'avertissait qu'un ennemi se préparait à l'attaquer.

Les yeux du chat, fixés sur l'oiseau avec une intensité qui avait quelque chose de fascinant, disaient clairement dans un langage bien compris du perroquet et absolument intelligible : « Si vert qu'il soit, ce poulet doit être bon à manger. »

J'ai observé la scène avec beaucoup d'intérêt, prêt à intervenir au moment opportun. Madame- Théophile s'était peu à peu rapprochée ; son nez rose fonctionnait, ses yeux étaient à moitié fermés, ses griffes sortaient puis rentraient . Elle tremblait d'impatience comme un gourmet s'asseyant pour déguster une poulette truffée ; elle se réjouissait à l'idée du repas choisi et succulent qu'elle s'apprêtait à déguster, et sa sensualité était chatouillée par l'idée du plat exotique qui allait être le sien.

Soudain, elle a courbé le dos comme un arc qu'on tend , et d'un bond rapide l'a fait atterrir directement sur le perchoir. Le perroquet, voyant le danger qui le guettait, cria de façon inattendue d'une voix grave et sonore : « As-tu pris ton petit-déjeuner, Jack ?

Ces mots remplirent le chat d'une terreur indescriptible ; et elle recula d'un bond. Le son d'une trompette, le fracas d'un tas de vaisselle ou un coup de pistolet tiré par l'oreille n'auraient pas consterné à ce point le félin. Toutes ses notions ornithologiques étaient bouleversées.

– Et qu'avez-vous pris ? Un rôti royal, reprit l'oiseau.

L'expression du chat signifiait clairement : « Ce n'est pas un oiseau ; c'est un homme ; ça parle.

"Quand j'ai bu du bordeaux à ma faim ,
le pot tourbillonne et tourne encore",

» chantait l'oiseau d'une voix assourdissante, car il avait tout de suite compris que la terreur qu'inspirait son discours était son plus sûr moyen de défense .

Le chat m'a regardé d'un air interrogateur, et ma réponse s'est avérée insatisfaisante, elle s'est faufilée sous le lit et a refusé de sortir pour le reste de la journée.

Ceux de mes lecteurs qui n'ont pas eu l'habitude d'avoir des animaux pour leur tenir compagnie, et qui n'y voient, comme Descartes, que des machines, croiront sans doute que j'attribue des intentions à l'oiseau et au quadrupède, mais comme un en fait , j'ai simplement traduit leurs pensées en langage humain. Le lendemain, Madame- Théophile , un peu surmontée de sa frayeur, fit une nouvelle tentative et fut mise en déroute de la même manière. Cela lui suffisait, et désormais elle restait convaincue que l'oiseau était un homme.

Cette créature délicate et charmante adorait les parfums. Elle s'extasiait en respirant le patchouli et le vétiver utilisés pour les châles en cachemire. Elle avait aussi le goût de la musique. Blottie sur une pile de partitions, elle écoutait avec la plus grande attention et avec toute la satisfaction les chanteurs qui venaient se produire au piano du critique. Mais les aigus la rendaient nerveuse, et elle ne manquait jamais de fermer la bouche du chanteur avec sa patte si la dame chantait le la aigu. Nous faisions l'expérience pour le plaisir, et elle n'échouait jamais une seule fois. Il était tout à fait impossible de tromper mon chat dilettante sur ce point.

<h1 style="text-align:center">II
LA DYNASTIE BLANCHE</h1>

Permettez - moi de revenir à une époque plus récente . Un chat ramené de La Havane par Mlle. Aïta de la Penuela , une jeune artiste espagnole dont les études de chats angora blancs ornaient et ornent encore les vitrines des marchands d'estampes, a donné naissance au plus mignon petit chaton, exactement comme les houppettes utilisées pour l'application de la poudre pour le visage. , quel chaton m'a été présenté. Sa blancheur immaculée lui a valu son nom Pierrot , et cette appellation, en grandissant, devint Don Pierrot de Navarre, qui était infiniment plus majestueux et sentait un grand d'Espagne.

Don Pierrot , comme tous les animaux caressés et caressés, devint délicieusement aimable et partagea la vie de la maison avec cette plénitude de satisfaction que les chats tirent d'une étroite association avec le coin du feu. Assis à sa place habituelle, près du feu, il avait vraiment l'air de comprendre la conversation et de s'y intéresser. Il suivait des yeux les orateurs et poussait de temps en temps un petit cri, exactement comme pour protester et donner son opinion sur la littérature, qui constituait le fil conducteur de nos entretiens. Il aimait beaucoup les livres, et lorsqu'il en trouvait un ouvert sur la table, il se couchait près d'eux, regardait attentivement la page et tournait les feuilles avec ses griffes ; puis il finit par s'endormir, comme s'il eût réellement lu un roman à la mode. Dès que je prenais mon stylo, il sautait sur le bureau et regardait attentivement la plume d'acier gribouiller sur le papier, bougeant la tête chaque fois que je commençais une nouvelle ligne. Parfois, il s'efforçait de collaborer avec moi et m'arrachait la plume des mains, sans doute avec l'intention d'écrire à son tour, car c'était un chat aussi esthétique que le Murr d'Hoffmann . En effet, je soupçonne fortement qu'il avait l'habitude de rédiger ses mémoires, la nuit, dans tel ou tel caniveau, à la lumière de ses propres yeux phosphorescents. Malheureusement, ces élucubrations sont perdues.

Don Pierrot de Navarre veillait toujours la nuit jusqu'à mon retour, m'attendant à l'intérieur de la porte, et dès que j'entrais dans l'antichambre, il venait se frotter à mes jambes, cambrant le dos et ronronnant de joie, mode conviviale. Alors il se mettait à marcher devant moi, me précédant comme un page, et je suis sûr que si je le lui avais demandé, il aurait porté ma bougie. Il m'accompagnait ainsi jusqu'à ma chambre, attendait que je me déshabille, sautait sur le lit, me mettait ses pattes autour du cou, frottait son nez contre le mien, me léchait avec sa petite langue rouge, rugueuse comme une lime, et pousser de petits cris inarticulés pour exprimer sans équivoque le plaisir qu'il éprouvait à me revoir. Lorsqu'il m'avait suffisamment caressé et qu'il était temps de dormir, il se perchait sur le dossier de son lit et y dormait comme un oiseau se perchant sur une branche. Dès mon réveil le matin, il venait s'étendre à côté de moi jusqu'à ce que je me lève.

Minuit était la dernière heure autorisée pour mon retour à la maison. Sur ce point, Pierrot était inflexible comme un concierge . Or, à cette époque, j'avais fondé, avec quelques amis, une petite réunion du soir appelée « La Société des Quatre Bougies », le lieu de réunion étant éclairé par quatre bougies fichées dans des chandeliers d'argent placés à chaque coin de la table. Parfois, la conversation devenait si prenante que j'en oubliais l'heure, même au risque de voir, comme Cendrillon, ma voiture se transformer en citrouille et mon cocher en gros rat. Deux ou trois fois Pierrot m'a veillé jusqu'à deux heures du matin, mais bientôt il s'est offusqué de ma conduite et s'est couché sans m'attendre. J'ai été touché par cette protestation muette contre mon mode de vie innocent et désordonné, et par la suite je rentrais régulièrement chez moi à minuit. Pierrot , cependant, s'est avéré difficile à reconquérir ; il voulait s'assurer que mon repentir n'était pas une affaire passagère, mais une fois convaincu que j'étais réellement réformé, il daignait me rendre ses bonnes grâces et reprit son poste de nuit dans l'antichambre.

Il n'est pas facile de gagner l'amour d'un chat, car les chats sont des animaux philosophes, calmes et tranquilles, aimant leur propre voie, aimant la propreté et l'ordre, et peu enclins à accorder leur affection à la hâte. Ils sont tout à fait disposés à devenir amis, si vous vous montrez digne de leur amitié, mais ils refusent d'être esclaves. Ils sont affectueux, mais ils exercent leur libre arbitre et ne feront pas pour vous ce qu'ils considèrent déraisonnable . Mais une fois qu'ils ont accordé leur amitié, leur confiance est absolue et leur affection très fidèle. Ils deviennent nos compagnons dans les heures de solitude, de tristesse et de travail . Un chat restera toute une soirée à genoux, ronronnant, heureux en votre compagnie et insouciant de celle de son espèce. En vain des miaulements retentissent sur les toits, l'invitant à une de ces fêtes de chats où la saumure de hareng rouge tient lieu de thé ; il ne faut pas se laisser tenter et passe la soirée avec vous. Si on le pose, il revient en un tournemain avec une sorte de roucoulement qui ressemble à un doux reproche. Parfois, assis devant vous, il vous regarde si doucement, si tendrement, si caressant et d'une manière si humaine que c'en est presque terrifiant, car il est impossible de croire qu'il n'y a aucun esprit derrière ces yeux.

Don Pierrot de Navarre avait une compagne de même race, aussi blanche que lui. Toutes les expressions que j'ai accumulées dans la « Symphonie en blanc majeur » dans le but de rendre l'idée de blancheur neigeuse seraient insuffisantes pour donner une idée du pelage immaculé de mon chat, à côté duquel aurait ressemblé le pelage de l'hermine. jaune. Je l'ai appelée Séraphita , d'après le roman swedenborgien de Balzac. Jamais l' héroïne de cette merveilleuse légende, en gravissant avec Minna les sommets enneigés du

Falberg , n'a brillé d'un blanc plus pur. Séraphita était d'un caractère rêveur et contemplatif. Elle restait des heures sur un coussin, bien éveillée et suivant du regard, avec la plus intense attention, des spectacles invisibles pour le commun des mortels. Elle aimait se faire caresser , mais rendait les caresses d'une manière très réservée, et seulement pour les personnes qu'elle honorait de son approbation, chose des plus difficiles à obtenir. Elle aimait le luxe et nous étions toujours sûrs de la trouver blottie dans le fauteuil le plus récent ou sur l'étoffe qui mettait le mieux en valeur son manteau en duvet de cygne. Elle passait un temps interminable à ses toilettes ; chaque matin, elle lissait soigneusement sa fourrure. Elle utilisait ses pattes pour se laver, et chaque poil de sa fourrure, après avoir été brossé avec sa langue rose, brillait comme de l'argent flambant neuf. Si quelqu'un la touchait, elle en effaçait immédiatement les traces, car elle ne supportait pas d'être froissée. Son élégance et son style suggéraient qu'elle était une aristocrate et, parmi les siens, elle devait être au moins une duchesse. Elle se plaisait aux parfums, mettait son petit nez dans les bouquets et mordait avec de petits spasmes de plaisir les mouchoirs parfumés ; elle marchait sur la coiffeuse au milieu des flacons de parfum, sentant les bouchons, et si on lui avait permis de le faire, elle aurait sans doute utilisé de la poudre. Telle était Séraphita , et jamais chat ne porta plus dignement un nom poétique.

fibre d'ananas et d'autres produits exotiques, passaient par hasard rue de Longchamps , où j'habitais. Ils avaient dans une petite cage un couple de rats surmulots blancs aux yeux rouges, aussi jolis que possible. À ce moment-là, j'avais envie de créatures blanches, et mon poulailler n'était habité que par des poules blanches. J'ai acheté les deux rats et on leur a construit une grande cage , avec des escaliers intérieurs menant aux différents étages, des réfectoires, des chambres et des trapèzes pour la gymnastique. Ils y étaient incontestablement plus heureux et mieux lotis que le rat de La Fontaine dans son fromage hollandais.

Ces douces créatures, qui, je ne sais vraiment pourquoi, inspirent une répulsion puérile, s'apprivoisent étonnamment dès qu'elles s'aperçurent qu'on ne leur voulait aucun mal. Ils se laissaient caresser comme des chats, attrapaient mon doigt dans leurs petites mains roses, idéalement délicates, et le léchaient de la manière la plus amicale. On les laissait sortir à la fin de nos repas, et remontaient les bras, les épaules et la tête des convives, sortant des manches des habits et des robes de chambre avec une habileté et une agilité merveilleuses . Toutes ces performances, très joliment exécutées, avaient pour but d'obtenir l'autorisation de fouiller parmi les restes du dessert. On les posa ensuite sur la table, et en un clin d'œil le mâle et la femelle rangèrent les noix, les avelines, les raisins secs et les morceaux de sucre. C'était très amusant d'observer leurs démarches rapides et empressées, et leur étonnement lorsqu'ils atteignirent le bord de la table. Mais alors, nous leur tendions une bande de bois allant jusqu'à leur cage, et ils stockaient leurs gains dans leur garde-manger.

Le couple se multipliait rapidement, et de nombreuses familles, aussi blanches que leurs géniteurs, montaient et descendaient les petites échelles de la cage, de sorte que bientôt je me trouvai propriétaire d'une trentaine de rats si apprivoisés que, lorsqu'il faisait froid, ils étaient j'avais l'habitude de me blottir dans mes poches pour me réchauffer et j'y restais parfaitement immobile. Parfois, je faisais ouvrir les portes de ma Cité des Rats et, après être monté au dernier étage de ma maison, je sifflais d'une manière très familière à mes animaux de compagnie. Alors les rats, qui montaient difficilement les marches, grimpèrent sur les balustres, montèrent sur la rampe, et avançant à la file indienne tout en gardant leur équilibre comme des acrobates, montèrent cette route étroite qu'il n'est pas rare de descendre à califourchon sur des écoliers, et vinrent vers moi. poussant de petits cris et manifestant la joie la plus vive. Et maintenant, je dois avouer une bêtise de ma part. On m'avait si souvent dit que la queue d'un rat ressemblait à un ver rouge et gâchait la jolie apparence de l'animal, que j'en ai choisi un de la jeune génération et j'ai coupé l' appendice caudal tant critiqué avec une pelle chauffée au rouge. Le petit rat supporta très bien l'opération, grandit rapidement et devint un imposant garçon à moustaches. Mais bien qu'il fût plus léger en raison de la perte de sa queue, il était beaucoup moins agile que ses camarades ; il faisait très attention lorsqu'il essayait la gymnastique et tombait très souvent. Il fermait toujours la marche lorsque la troupe montait sur les balustres, et ressemblait à un funambule qui voudrait se passer d'une perche. J'ai alors compris l'utilité d'une queue dans le cas des rats : elle les aide à maintenir leur équilibre lorsqu'ils gambadent le long des corniches et des rebords étroits. Ils le balancent à droite ou à gauche en guise de contrepoids lorsqu'ils se penchent d'un côté ou de l'autre ; d'où le changement constant qui semble si sans cause. Lorsqu'on observe attentivement la nature, on arrive facilement à la conclusion qu'elle ne fait rien qui soit inutile et qu'il faut être très prudent en essayant de l'améliorer.

Sans doute mon lecteur se demande-t-il comment les chats et les rats, deux races si hostiles l'une à l'autre, et dont l'une est la proie de l'autre, peuvent parvenir à vivre ensemble. Le fait est que les miens s'entendaient à merveille. Les chats étaient précieux comme de l'or pour les rats, qui n'en avaient plus peur. Les félins n'ont jamais été perfides et les rats n'ont jamais eu à pleurer la perte d'un seul camarade. Don Pierrot de Navarre les aimait particulièrement ; il s'allongeait près de leur cage et passait des heures à les regarder jouer. Lorsque par hasard la porte de la chambre était fermée, il grattait et miaulait doucement jusqu'à ce qu'elle s'ouvre et qu'il puisse rejoindre ses petits amis blancs, qui venaient souvent dormir à côté de lui. Séraphita , plus réservée et qui n'aimait pas la forte odeur de musc dégagée par les rats, ne participait pas à leurs jeux, mais elle ne leur faisait jamais de mal, et les laissait passer tranquillement devant elle sans jamais la dégainer. les griffes.

La fin de ces rats était étrange. Par une journée d'été lourde et orageuse, alors que le mercure atteignait presque cent degrés, leur cage avait été installée dans le jardin, sous une tonnelle couverte de plantes grimpantes, car ils semblaient ressentir beaucoup la chaleur. L'orage éclata avec des éclairs , de la pluie, du tonnerre et des rafales de vent. Les grands peupliers au bord de la rivière se courbaient comme des roseaux. Armé d'un parapluie que le vent retournait, je commençais à peine à aller chercher mes rats, lorsqu'un éclair éblouissant, qui semblait déchirer les profondeurs mêmes du ciel, m'arrêta sur le haut des marches menant de la terrasse au jardin.

Un coup de tonnerre terrible , plus fort que la détonation d'une centaine de canons, suivit presque instantanément l'éclair, et le choc fut si violent que je fus presque projeté à terre.

L'orage s'éteignit peu après cette effroyable explosion, mais, en arrivant sous la tonnelle , je trouvai les trente-deux rats, les orteils en l'air, tués par un seul et même coup de foudre. Sans doute les fils de fer de leur cage avaient-ils attiré le fluide électrique et joué le rôle de conducteur.

Ainsi moururent ensemble, comme ils avaient vécu, les trente-deux rats surmulots, mort enviable, rarement garantie par le destin !

III
LA DYNASTIE NOIRE

D. PIERROT de Navarre, originaire de La Havane, avait besoin d'une température de serre chaude, et il en jouissait dans la maison ; mais autour de la demeure s'étendaient de grands jardins, séparés par des clôtures ouvertes à travers lesquelles un chat pouvait facilement se frayer un chemin, et de grands arbres s'élevaient dans lesquels gazouillaient, gazouillaient et chantaient des volées entières d'oiseaux ; de sorte que parfois Pierrot , profitant d'une porte laissée ouverte, sortait la nuit et partait à la chasse, se promenant dans les herbes et les fleurs mouillées de rosée. Il lui fallait alors attendre le jour pour pouvoir entrer, car s'il venait miaoul sous nos fenêtres, ses appels ne réveillaient pas toujours les dormeurs de la maison. Il avait une poitrine délicate et une nuit, alors qu'il faisait plus froid que d'habitude, il attrapa un rhume qui se transforma bientôt en phtisie. Après avoir toussé pendant une année entière, le pauvre Pierrot devint maigre et émacié, et son pelage, autrefois si soyeux, avait la blancheur mate d'un linceul. Ses grands yeux transparents étaient devenus le trait le plus important de son pauvre visage rétréci ; son nez rouge était devenu pâle, et il marchait à pas lents, d'une manière mélancolique, le long du côté ensoleillé du mur, regardant les feuilles jaunes d'automne tourbillonner et se tordre. On aurait juré qu'il se récitait l'élégie de Millevoye . Un animal malade est un objet très touchant, car il supporte la souffrance avec une résignation si douce et si triste. Nous avons fait tout ce que nous pouvions pour le sauver ; J'ai appelé un médecin très compétent qui a examiné sa poitrine et pris son pouls. Du lait d'ânesse fut prescrit , et le pauvre petit être le but assez volontiers dans sa petite soucoupe en porcelaine. Il restait des heures entières étendu sur mes genoux comme l'ombre d'un sphinx ; Je sentais ses vertèbres comme les grains d'un chapelet, et il essayait de répondre à mes caresses avec un faible ronronnement qui ressemblait à un râle d'agonie . Le jour de sa mort, il resta couché sur le côté, haletant, mais se releva d'un suprême effort, vint vers moi, et ouvrant de grands yeux, fixa sur moi un regard qui appelait au secours avec une intense supplication. Il semblait me dire : « Tu es un homme ; sauve-moi. Puis il chancela, les yeux déjà vitreux, et tomba à terre en poussant un cri si douloureux, si désespéré, si angoissant, qu'il me remplit d'une muette horreur. Il fut enterré au pied du jardin, sous un rosier blanc qui marque encore l'endroit de son tombeau.

Séraphita mourut deux ou trois ans plus tard, du croup, que le médecin ne parvenait pas à maîtriser. Elle repose non loin de Pierrot .

Avec elle prit fin la Dynastie Blanche, mais pas la famille. De ce couple de chats blancs comme neige étaient nés trois chatons noir comme du charbon, mystère dont je laisse la solution à d'autres. Les Misérables de Victor Hugo font alors fureur et les noms des personnages du roman sont dans toutes les bouches. Les deux petits chats mâles s'appelaient Enjolras et Gavroche , et la femelle Eponine . C'étaient les chatons les plus adorables et nous les avons entraînés à aller chercher et à transporter des morceaux de papier lancés à distance, tout comme le ferait un chien. Nous allions jusqu'à jeter la boule de papier sur le dessus des armoires, ou à la cacher derrière des boîtes ou dans de grands vases, et ils la récupéraient très joliment avec leurs pattes. Arrivés à des années de discrétion, ils abandonnèrent ces sports frivoles et retrouvèrent le calme rêveur et philosophique qui est le véritable caractère des chats.

Tous les nègres sont semblables aux gens qui débarquent dans un pays esclavagiste d'Amérique, et il leur est impossible de les distinguer les uns des autres. Donc , pour ceux qui ne s'en soucient pas, trois chats noirs sont trois chats noirs et rien de plus. Mais un œil observateur ne commet pas une telle erreur. Les physionomies des animaux sont aussi différentes que celles des hommes, et je savais toujours à quel chat appartenait la face noire, noire comme le masque d'Arlequin, et éclairée par des disques d'émeraude aux reflets d'or.

Enjolras , qui était de loin le plus beau des trois, se distinguait par sa grosse tête de lion et ses joues bien garnies , par ses épaules musclées, son long dos et sa splendide queue duveteuse comme un plumeau. Il avait quelque chose de théâtral et de grandiloquent, et il semblait poser comme un acteur qui attire l'admiration. Ses mouvements étaient lents, ondulants et pleins de majesté ; il semblait toujours marcher sur une table couverte de porcelaines et de verres vénitiens, tant il choisissait avec circonspection l'endroit où il posait le pied. Il n'était pas vraiment stoïcien et montrait un goût pour la nourriture que son homonyme aurait eu des raisons de blâmer. Sans aucun doute Enjolras , le jeune pur et sobre, lui aurait dit, comme l'ange à Swedishborg : « Tu manges trop. » Nous encourageâmes plutôt cette amusante voracité, analogue à celle des singes, et Enjolras grandit jusqu'à une taille et un poids très-rares chez les chats domestiques. Puis j'ai pensé à le faire raser à la manière des caniches, afin de faire ressortir pleinement son aspect léonin. Il conservait sa crinière et une longue touffe de poils au bout de la queue, et je ne jurerais pas que ses cuisses n'étaient pas ornées de moustaches en côtelette de mouton comme celles que portait Munito . Ainsi taillé, il ressemblait, je dois l'avouer, à un monstre japonais bien plus qu'à un lion de l'Atlas ou du Cap. Jamais fantaisie plus extravagante n'a été réalisée sur le corps d'un animal vivant ; son pelage bien coupé laissait transparaître la peau, et ses tons bleutés, des plus curieux à remarquer, contrastaient étrangement avec sa crinière noire.

Gavroche était un chat au regard aigu et satirique, comme s'il voulait rappeler son homonyme dans le roman. Plus petit qu'Enjolras , il était doué d'une agilité brusque et comique, et au lieu des jeux de mots et de l'argot du rue-arabe de Paris, il se livrait aux cabrioles, aux sauts et aux attitudes les plus drôles . Je dois ajouter que, cédant à ses instincts de rue, Gavroche avait l'habitude de saisir toutes les occasions de sortir du salon et d'aller rejoindre, dans la cour et même dans la rue, nombre de chats errants, « de sang inconnu et de basse lignée », avec lequel il participa à des spectacles d'un goût douteux, oubliant complètement son digne rang de chat de La Havane, fils de l'illustre Don Pierrot de Navarre, grand d'Espagne de première classe. , et de la marquise Séraphita , connue pour ses manières hautaines et aristocratiques.

Parfois, il faisait venir à ses repas, pour les soigner, des amis phtisiques, tellement affamés qu'on voyait toutes les côtes de leur corps, n'ayant que la peau et les os, qu'il avait ramassés au cours de ses excursions et de ses pérégrinations. , car c'était un homme de bon cœur. Les pauvres diables, les oreilles baissées, la queue entre les jambes, le regard inquiet, redoutant d'être chassés de leur repas gratuit par une servante armée d'un balai, avalaient les morceaux deux, trois et quatre à la fois, et comme le célèbre chien *Siete Aguas* (Seven Waters), des posadas espagnoles, léchait le plateau aussi proprement que s'il avait été lavé et récuré par une femme de ménage hollandaise qui avait servi de modèle à Mieris ou à Gerard Dow. Chaque fois que je voyais les compagnons de Gavroche , je me souvenais de l'inscription sous un dessin de Gavarni : "Beaucoup, les amis avec qui vous êtes capables de procéder !" Mais ce n'était après tout qu'une preuve de la bonté de cœur de Gavroche , car il savait tout à fait nettoyer lui-même l'assiette.

La chatte qui portait le nom de l'intéressante Eponine était plus souple et plus élancée que ses frères. Son air lui était tout à fait particulier, en raison de son visage un peu long, de ses yeux légèrement obliques à la mode chinoise, et d'un vert semblable à celui des yeux de Pallas Athéna , à qui Homère donne invariablement le titre de γλ αυκ ῶ πις, son nez noir et velouté, au grain aussi fin qu'une truffe du Périgord , et ses moustaches qui bougent sans cesse. Son manteau, d'un superbe noir, était toujours en mouvement et scintillait d'infinis changements. Il n'y a jamais eu d'animal plus sensible, nerveux et électrique. Si on la caressait deux ou trois fois, dans l'obscurité, des étincelles bleues jaillissaient de sa fourrure. Elle s'est particulièrement attachée à moi, comme dans le roman Eponine s'attache à Marius. Comme j'étais moins occupé de Cosette que de ce beau garçon, j'acceptai l'amour de mon chat affectueux et dévoué, qui est encore le compagnon assidu de mes travaux et les délices de mon ermitage aux confins des faubourgs. Elle trottine quand elle entend sonner la cloche, accueille mes visiteurs, les conduit au salon, les montre à un siège, leur parle - oui, je le pense, leur parle - avec des roucoulements et des gémissements tout à fait différents. le langage dont les chats se servent entre eux et qui simule le langage articulé de l'homme. Vous me demandez ce qu'elle dit ? Elle dit de la façon la plus claire possible : « Ne soyez pas impatient ; regardez les photos ou discutez avec moi, si cela vous plaît. Mon maître va descendre dans une minute. Et quand j'entre, elle se retire discrètement sur un fauteuil ou sur le piano et écoute la conversation sans y intervenir, comme un animal bien élevé et habitué au monde.

La douce Eponine nous a donné tant de preuves d'intelligence, de bonté et de sociabilité, qu'elle a été élevée , d'un commun accord, à la dignité de *personne* , car il est évident qu'un ordre de raison plus élevé que l'instinct guide ses actions. Cette dignité implique le droit de manger à table comme une personne, et non dans une soucoupe dans un coin, comme un animal. Donc La chaise d'Éponine est placée à côté de la mienne au déjeuner et au dîner, et, en raison de sa taille, elle peut reposer ses pattes de devant sur le bord de la table. Elle a son propre couvert, sans fourchette ni cuillère, mais avec son verre. Elle mange de tous les plats qu'on lui apporte, depuis la soupe jusqu'au dessert, attendant toujours son tour qu'on lui serve et se comportant avec une discrétion et une décence qu'on souhaiterait plus fréquentes chez les enfants. Elle arrive au premier coup de cloche, et quand nous entrons dans la salle à manger, nous sommes sûrs de la trouver déjà à sa place, debout sur sa chaise, les pattes sur le bord de la table, et levant sa petite tête. être embrassée, comme une jeune femme bien élevée, polie et affectueuse envers ses parents et ses aînés.

Le soleil a ses taches, le diamant ses défauts et la perfection elle-même ses petits points faibles. Eponine , il faut le reconnaître , a un penchant irrésistible pour le poisson, un goût qu'elle partage en commun avec toute sa race. Le proverbe latin *Catus amat poissons , sed non vult tintere plantas* , au contraire, elle est toujours prête à mettre la patte dans l'eau pour pêcher un blay , une petite carpe ou une truite. Le poisson la rend presque délirante et, comme les enfants qui recherchent avidement le dessert, elle a tendance à s'opposer à la soupe, lorsque les investigations préliminaires qu'elle a faites en cuisine lui ont permis de s'assurer que le poisson est bien entré et qu'il n'y a aucune raison pour que Vatel se transperce de son épée. Dans de tels cas, nous ne l'aidons pas à pêcher, et je lui dis d'un ton froid : « Une dame qui n'a pas d'appétit pour la soupe ne peut pas avoir d'appétit pour le poisson », et le plat lui est impitoyablement envoyé. Puis voyant qu'il ne s'agit pas de plaisanter, la délicate Eponine enfourne sa soupe en toute hâte, lèche jusqu'à la dernière goutte de bouillon, range la moindre miette de pain ou de pâte italienne, et se retourne vers moi avec l'air fier d'une consciente d'être sans crainte ni reproche et d'avoir rempli son devoir. Sa part du poisson lui est remise , et elle l' expédie avec toutes les marques d'une extrême satisfaction. Puis, après avoir goûté un peu de chaque plat, elle termine son repas en buvant un tiers de verre d'eau.

S'il nous arrive d'avoir des invités à dîner, Eponine n'a pas besoin de les avoir vu entrer pour savoir qu'il y aura de la compagnie. Elle regarde simplement sa place, et si elle aperçoit un couteau, une fourchette et une cuillère posés là, elle s'enfuit aussitôt et se perche sur le tabouret du piano, son refuge habituel en pareil cas. Ceux qui nient la faculté de raisonner aux animaux peuvent expliquer du mieux qu'ils peuvent ce fait, si simple en apparence et pourtant si suggestif. Ma chatte judicieuse et observatrice déduit de la présence à son assiette d'ustensiles dont seul l'homme sait se servir, qu'elle doit céder sa place pour ce jour-là à un invité, et elle le fait aussitôt. Jamais elle n'a commis d'erreur. Seulement, lorsqu'elle connaît bien l'invité en question, elle grimpe sur ses genoux et cherche, par ses manières gracieuses et ses caresses, à l'engager à lui donner quelque friandise.

Mais ça suffit ; Je ne dois pas lasser mes lecteurs, et les histoires de chats sont moins attrayantes que les histoires de chiens. Pourtant je crois que je devrais raconter la mort d' Enjolras et de Gavroche . Dans les Rudiments latins, il y a une règle énoncée ainsi : *Sua eum perdu ambition* . D' Enjolras on peut dire : *Sua eum perdu pinguitudo* , c'est-à-dire que son état admirable fut la cause de sa mort. Il a été tué par des amateurs idiots de lièvre en cruche . Mais ses meurtriers périrent avant la fin de l'année de la manière la plus douloureuse ; car la mort d'un chat noir, animal éminemment cabalistique, ne reste jamais sans vengeance.

Gavroche , pris d'un amour frénétique de liberté, ou plutôt d'un soudain accès de vertige, sauta un jour par la fenêtre, traversa la rue, escalada la clôture du parc Saint-James, qui fait face à notre maison, et disparut. Malgré tous nos efforts , nous n'avons plus jamais réussi à entendre parler de lui, et une ombre de mystère plane sur son sort ; de sorte que la seule survivante de la Dynastie Noire est Eponine , toujours fidèle à son maître et devenue une minutieuse chatte de lettres.

Son compagnon est désormais un magnifique chat angora, dont la fourrure grise et argentée rappelle la porcelaine tachetée de Chine. Il est appelé Zizi , alias « Trop beau pour travailler ». Le beau gosse vit dans une sorte de *kief* contemplatif , tel un theriaki sous l'emprise de la drogue, et fait penser aux « Extases de M. Hochenez ». Zizi est un passionné de musique et, non content de l'écouter , il s'y adonne lui-même . Parfois, au plus profond de la nuit, alors que tout le monde dort, une mélodie étrange et fantastique, que les Kreisler et les musiciens du futur pourraient bien envier, fait irruption dans le silence. C'est Zizi marchant sur le clavier du piano laissé ouvert, et qui est à la fois étonné et ravi d'entendre les touches chanter sous ses pas.

Il serait injuste de ne pas associer à cette branche Cléopâtre, la fille d'Éponine , dont la timidité l'empêche de se mêler au monde. Elle est d'un noir fauve, comme Mummia , la compagne poilue d'Atta-Croll , et ses deux yeux verts ressemblent à d'immenses aigues-marines . Elle se tient généralement sur

trois pattes, la quatrième étant relevée comme un lion classique qui a perdu
sa boule de marbre.

Ce sont les chroniques de la Dynastie Noire. Enjolras , Gavroche et Eponine
me rappellent les créations d'un maître bien-aimé ; seulement, quand je relis
Les Misérables , les personnages principaux du roman me semblent pris par
des chats noirs, ce qui ne diminue en rien l'intérêt que j'y porte.

IV
CE CÔTÉ POUR CHIENS

je ONT souvent été accusés de ne pas aimer les chiens ; accusation qui ne paraît pas très grave à première vue, mais dont je désire néanmoins me dédouaner, car elle implique une certaine antipathie. Beaucoup pensent que les personnes qui préfèrent les chats sont cruelles, sensuelles et perfides, tandis que les amoureux des chiens sont considérés comme francs, loyaux et ouverts d'esprit, en un mot, possédant toutes les qualités attribuées à la race canine. Je ne nie en aucune manière les mérites de Médor , Turk, Miraut et autres animaux attachants, et je suis prêt à reconnaître la vérité de l'axiome formulé par Charlet : « Ce qu'il y a de mieux chez l'homme, c'est son chien ». J'en ai été propriétaire de plusieurs et j'en possède encore quelques-unes. Si l'un de ceux qui cherchent à me discréditer venait chez moi, il serait accueilli par un chien de compagnie de La Havane qui aboieait violemment contre eux, et par un lévrier qui, très probablement, leur mordrait les jambes. Mais mon affection pour les chiens est empreinte de peur. Ces excellentes créatures, si bonnes, si fidèles, si dévouées, si aimantes, peuvent devenir folles à tout moment, et alors elles deviennent plus dangereuses qu'un serpent à tête de lance, un serpent à sonnette, un serpent à sonnette ou un cobra capella . Cela réagit sur mon amour pour les chiens. Ensuite, les chiens me semblent un peu étranges ; ils ont un regard si pénétrant et si intense ; ils s'assoient devant vous avec un regard si interrogateur que c'en est assez gênant . Goethe n'aimait pas leur regard qui semble tenter d'incorporer l'âme de l'homme en lui-même, et il chassa les chiens en disant : « Vous n'avalerez pas ma monade, autant que vous puissiez essayer. »

Le Pharamond de ma dynastie canine s'appelait Luther. C'était un gros épagneul blanc, avec des taches hépatiques et de belles oreilles brunes. Il était setter, avait perdu son propriétaire et, après l'avoir longtemps cherché en vain, s'était mis à vivre dans la maison de mon père à Passy. N'ayant pas de perdrix à chasser, il s'était mis à la chasse aux rats et était aussi intelligent qu'un Scotch Terrier. A cette époque j'habitais cette impasse du Doyenné , aujourd'hui détruite, où Gérard de Nerval , Arsène Houssaye et Camille Rogier étaient les chefs d'une petite Bohême pittoresque et artistique, dont d'autres ont si bien raconté la vie excentrique, qu'il est inutile de la raconter à nouveau. Nous étions là, en plein centre du Carrousel, aussi indépendants et solitaires que sur une île déserte d' Océanica , à l'ombre du Louvre, parmi les blocs de pierre et les orties, près d'une vieille église en ruine, aux ruines effondrées. dans le toit qui avait l'air le plus romantique au clair de lune. Luther, avec qui j'étais dans les meilleures relations, voyant que j'avais définitivement abandonné le nid paternel, se faisait un devoir de venir me voir chaque matin. Il partait de Passy, quel que soit le temps, descendait le quai de Billy, le Cours -la- Reine , et arrivait chez moi vers huit heures, au moment où je me réveillais. Il grattait la porte qu'on lui ouvrait, et il se précipitait joyeusement vers moi avec des cris de joie, posait ses pattes sur mes genoux, recevait d'un air modeste et sans prétention les caresses que méritait sa noble conduite, regardait autour de lui. la chambre et repartit vers Passy. En arrivant là-bas, il s'approcha de ma mère, remua la queue, aboya un peu et dit aussi clairement que s'il avait parlé : « J'ai vu jeune maître ; Ne vous inquiétez pas; il va bien. Ayant ainsi rapporté à la personne compétente le résultat de la mission qu'il s'était imposée, il buvait un demi-bol d'eau, mangeait sa nourriture, s'allongeait sur le tapis près de la chaise de ma mère, car il avait pour elle une affection particulière. et dormir une heure ou deux après sa longue course. Or, comment ceux qui prétendent que les animaux ne pensent pas et ne savent pas faire la somme, expliquent-ils cette visite matinale qui a entretenu les relations familiales et apporté au nid des nouvelles de l' oisillon qui venait de le quitter ?

La fin du pauvre Luther fut bien triste. Il devint taciturne, morose, et un beau matin s'enfuit de la maison, sentant la rage qui l'envahissait et résolu à ne pas mordre ses maîtres ; il s'est donc enfui, et nous avons toutes les raisons de croire qu'il a été tué comme un chien enragé, car nous ne l'avons jamais revu.

Après un assez long interrègne, un nouveau chien est arrivé à la maison. Il s'appelait Zamore , et c'était une sorte d'épagneul, de race très mixte, de petite taille , avec un pelage noir, à l'exception des taches beiges sur les yeux et des poils bruns sur le ventre. Dans l'ensemble, il était physiquement insignifiant et laid plutôt que beau ; mais moralement, c'était un chien remarquable. Il méprisait absolument les femmes, ne leur obéissait pas, ne les suivait jamais, et jamais ma mère ni mes sœurs ne parvinrent à lui arracher le moindre signe d'amitié ou de déférence. Il acceptait d'un air supérieur leurs attentions et les friandises qu'ils lui offraient, mais jamais il ne leur exprimait aucune gratitude. Jamais il ne pousserait un cri, jamais il ne frapperait le sol avec sa queue, jamais il ne leur accorderait une seule de ces caresses que les chiens aiment tant prodiguer. Il restait impassible dans une pose de sphinx , comme un homme sérieux qui ne veut pas prendre part à la conversation de personnes frivoles. Le maître qu'il avait élu était mon père, en qui il reconnaissait l'autorité du chef de la maison, et qu'il considérait comme un homme mûr et sérieux. Mais son affection pour lui était austère et stoïque, et ne se manifestait pas par des gambades, des alouettes et des léchages. Seulement, il gardait toujours les yeux fixés sur lui, suivait chacun de ses mouvements et restait à ses côtés, ne s'autorisant jamais la moindre escapade ni le moindre signe de tête aux camarades de passage. Mon cher et regretté père était un grand pêcheur devant le Seigneur, et il attrapa plus de barbillons que Nimrod n'en tua jamais d'antilopes. On ne pouvait certainement pas dire de sa canne à pêche que c'était une canne et une ficelle avec un ver à une extrémité et un imbécile à l'autre, car c'était un homme très intelligent, et néanmoins il remplissait quotidiennement son panier de poisson. . Zamore l'accompagnait dans ses voyages et, pendant les longues veilles nocturnes qu'exigeait la pêche au fond des gros gaillards, il se tenait au bord de l'eau, essayant apparemment d'en sonder les profondeurs sombres et de suivre les mouvements. de la proie. Bien qu'il dresse souvent l'oreille aux sons faibles et lointains qui, la nuit, s'entendent dans le silence le plus profond, il n'aboie jamais, ayant compris qu'être muet est une qualité indispensable chez un chien de pêcheur . En vain le front d'albâtre de Phœbé apparaissait -il au-dessus de l'horizon, reflété dans le sombre miroir du fleuve ; Zamore n'aboyerait pas devant la lune, bien qu'un tel hululement prolongé procure un plaisir infini aux créatures de son espèce. Ce n'est que lorsque la cloche de la ligne fixe tinta qu'il regarda son maître et se permit un bref aboiement, sachant que la proie était attrapée ; et il semblait prendre le plus grand intérêt aux manœuvres impliquées dans l'atterrissage d'un barbillon de trois ou quatre livres .

Personne n'aurait soupçonné que sous son regard calme, abstrait et philosophique, ce chien, si sérieux qu'il en était presque mélancolique, et méprisant toute frivolité, nourrissait une passion démesurée, étrange, insoupçonnable, absolument contraire à son apparente morale et à sa passion. caractère physique.

« Vous ne voulez pas dire, entends-je s'écrier mon lecteur, que le bon Zamore avait des vices cachés ?... qu'il était un voleur ? Non. « Un libertin ? Non. « Qu'il aimait les cerises au brandy ? Non. « Qu'il a mordu les gens ? Jamais. Zamore était fou de danse. C'était un artiste dévoué à l' art chorégraphique .

Il prit conscience de sa vocation de la manière suivante. Un jour apparut sur la place de Passy un moke gris , avec des plaies sur le dos et les oreilles tombantes, un de ces misérables culs de saltimbanque que Decamps et Fouquet peignaient si bien. Les deux paniers en équilibre de part et d'autre de son épine dorsale brute et saillante contenaient une troupe de chiens dressés, habillés en marquis , troubadours, Turcs, bergères des Alpes ou reines de Golconde, selon leur sexe. L'impresario posa les chiens, fit claquer son fouet, et soudain chacun des acteurs abandonna la position horizontale pour la position perpendiculaire et se transforma en bipède. Le tambour et le fifre se mirent en marche et le ballet commença.

Zamore , qui traînait gravement paresseusement, s'arrêta, frappé d'émerveillement à cette vue. Les chiens, vêtus de couleurs voyantes , tressés de dentelle imitation or sur chaque couture, un chapeau à plumes ou un turban sur la tête, et se déplaçant en cadence sur un rythme envoûtant, avec une lointaine ressemblance avec les êtres humains, lui paraissaient surnaturels. créatures. Les pas savamment enchaînés, les toboggans, les pirouettes le ravissaient mais ne le décourageaient pas. Comme *Corrège* à la vue du tableau de Raphaël, il s'exclama dans son discours canin , *Anch'io son pittore !* et lorsque la compagnie défila devant lui, lui aussi, rempli d'un noble esprit d'émulation, se leva, quelque peu incertain, sur ses pattes de derrière et tenta de les rejoindre, au grand plaisir des spectateurs.

Le directeur ne l'a pas vu sous cet angle et a donné un coup de fouet à Zamore , qui a été chassé du cercle, tout comme un spectateur serait expulsé du théâtre. Pendant la représentation, il s'est chargé de monter sur scène et participer au ballet.

Cette humiliation publique n'a pas freiné la vocation de Zamore . Il rentra chez lui la queue tombante et l'air pensif, et pendant tout le reste de la journée il fut plus réservé, plus taciturne et plus morose que jamais. Mais , au plus profond de la nuit, mes sœurs furent réveillées par de légers bruits, dont elles ne pouvaient deviner la cause, qui provenaient d'une chambre inhabitée voisine de la leur, où Zamore était habituellement couché sur un vieux fauteuil. Cela ressemblait à un pas rythmé, rendu plus sonore par le silence de la nuit. Ils pensèrent d'abord que les souris s'ébattaient, mais le bruit des pas et des sauts sur le sol était trop fort pour cela. La plus courageuse de mes sœurs se leva, entrouvrit la porte, et à la lumière d'un rayon de lune pénétrant à travers une vitre, elle aperçut Zamore sur ses pattes de derrière, piaffant l'air de ses pattes de devant, et occupé à étudier les pas de danse qu'il avait admirés. dans la rue ce matin-là. Le monsieur s'entraînait !

Cela ne prouvait pas non plus, comme on pourrait le supposer, une fantaisie passagère, une attirance momentanée ; Zamore a persisté dans ses aspirations chorégraphiques et s'est avéré un excellent danseur. Chaque fois qu'il entendait le fifre et le tambour, il courait sur la place, se glissait entre les jambes des spectateurs et regardait, avec la plus grande attention, les chiens dressés faire leurs exercices. Cependant, conscient du coup de fouet, il n'essaya plus de participer à la danse ; il notait les poses, les pas, les attitudes, puis, la nuit, dans le silence de sa chambre, il les travaillait, restant pendant le jour aussi austère dans son maintien. Bientôt, il ne se contenta plus de copier ; il se mit à composer, à inventer, et je dois dire que peu de chiens le surpassèrent dans le style élevé. Je le regardais souvent à travers la porte entrouverte ; il pratiquait avec un tel enthousiasme que chaque soir il vidait à sec le bol d'eau placé dans un coin de la pièce.

Lorsqu'il fut devenu tout à fait sûr de lui et l'égal du plus accompli des danseurs à quatre pattes, il sentit qu'il ne pouvait plus cacher sa lumière sous le boisseau et qu'il devait révéler le mystère de ses exploits. La cour de la maison était fermée, d'un côté, par une clôture en fer avec des espaces suffisamment larges pour permettre à des chiens de corpulence moyenne d'y entrer facilement. Ainsi, un beau matin, une quinzaine ou une vingtaine d'amis chiens, connaisseurs sans doute, à qui Zamore avait envoyé des lettres d'invitation pour ses débuts dans l' art chorégraphique , se retrouvèrent autour d'un carré de sol lisse, joliment nivelé, que l'artiste avait préalablement balayé. avec sa queue, et la représentation commença. Les chiens semblaient ravis et manifestaient leur enthousiasme par *des ouahs ! ouah !* ressemblant beaucoup au *bravi* des dilettanti à l'Opéra. A la seule exception d'un vieux et joli caniche boueux, d'apparence très misérable, et d'un critique sans doute qui a aboyé sur l'oubli des saines traditions, tous les spectateurs ont proclamé Zamore le Vestris des chiens et le dieu de la danse. Notre artiste avait interprété un menuet, une gigue et un *deux valse du temps* . Un grand nombre de spectateurs à deux pieds s'étaient joints aux spectateurs à quatre pieds, et Zamore eut l' honneur d' être applaudi par des mains humaines.

La danse devint tellement une habitude chez lui que, lorsqu'il faisait la cour à une foire, il se dressait sur ses pattes de derrière, faisant des révérences et tournant les orteils comme un marquis de l' *ancien régime* . Il ne lui manquait que le chapeau à plumes sous le bras.

Du reste, il était hypocondriaque comme un acteur comique et ne prenait aucune part à la vie du ménage. Il ne bougea que lorsqu'il vit son maître ramasser son chapeau et son bâton. Zamore mourut d'une fièvre cérébrale, provoquée sans doute par le surmenage nécessaire à l'apprentissage du schottische, alors en plein essor de sa popularité. Zamore peut dire dans sa tombe, comme le dit la danseuse grecque dans son épitaphe : « Terre, repose-toi légèrement sur moi, car je me suis reposé légèrement sur toi. »

Comment se fait-il qu'étant si talentueux, Zamore n'ait pas été inscrit dans la compagnie de Corvi ? Car j'étais déjà suffisamment influent en tant que critique pour gérer cela à sa place. Zamore , cependant, ne voulut pas quitter son maître, et sacrifia son amour-propre à son affection, preuve de dévouement qu'on chercherait en vain parmi les hommes.

Un chanteur, nommé Kobold, un pur-sang King Charles issu du célèbre élevage de Lord Lauder, remplaça la danseuse. C'était une drôle de petite bête, avec un énorme front saillant, de grands yeux lunettes, un nez cassé à la racine et de longues oreilles traînant sur le sol. Lorsque Kobold fut amené en France, ne connaissant que l'anglais, il fut assez déconcerté. Il ne pouvait pas comprendre les ordres qui lui étaient donnés ; dressé à répondre aux « Viens » ou aux « Viens ici », il restait immobile lorsqu'on lui disait en français « Viens » ou « Va-t'en ». Il lui fallut un an pour apprendre la langue du nouveau pays dans lequel il se trouvait et prendre part à la conversation. Kobold aimait beaucoup la musique et chantait lui-même de petites chansons avec un très fort accent anglais. Le la était frappé au piano, et il captait la note exactement et la modulait avec un son de flûte, des phrases vraiment musicales et qui n'avaient aucun rapport avec des aboiements ou des jappements. Quand on voulait le faire continuer, il suffisait de dire : « Chante encore un peu », et il répétait la cadence. Bien qu'il soit nourri avec le plus grand soin, comme il convient à un chanteur ténor et à un gentleman si distingué , Kobold avait un goût excentrique : il mangeait de la terre comme un sauvage d'Amérique du Sud. Nous n'avons jamais réussi à le guérir de cette habitude qui fut la cause de sa mort. Il aimait beaucoup les palefreniers, les chevaux et l'écurie, et mes poneys n'avaient pas de compagnon plus constant que lui . Il passait son temps entre leurs cartons et le piano.

Après Kobold, le roi Charles, vint Myrza , un petit caniche de La Havane qui eut l' honneur d'être un temps la propriété de Giulia Grisi , qui me la donna . Elle est blanche comme neige, surtout lorsqu'elle vient de sortir de son bain et qu'elle n'a pas eu le temps de se retourner dans la poussière, une fantaisie que certains chiens partagent avec les oiseaux amateurs de poussière. Elle est extrêmement douce et affectueuse, et aussi douce qu'une colombe. Son petit visage duveteux, ses deux petits yeux qu'on pourrait prendre pour des clous de tapissier et son petit nez en forme de truffe du Piémont sont des plus comiques. Des touffes de cheveux, bouclés comme de la fourrure d'Astrakan, tombent sur son visage de la manière la plus pittoresque et la plus inattendue, cachant d'abord un œil puis l'autre, de sorte qu'elle a l'apparence la plus particulière qu'on puisse imaginer et plisse les yeux comme un caméléon.

À Myrza , la nature imite si parfaitement l'artificiel que la petite créature semble sortir d'un magasin de jouets . Quand son pelage est bien bouclé, qu'elle a enfilé son nœud en ruban bleu et sa clochette argentée, elle est l'image d'un chien en peluche, et quand elle aboie, il est impossible de ne pas se demander s'il y a un soufflet sous ses pattes.

Elle passe les trois quarts de son temps à dormir, et sa vie ne changerait pas beaucoup si elle était bourrée, et elle ne semble pas non plus particulièrement intelligente dans les rapports ordinaires de la vie. Pourtant, un jour, elle a fait preuve d'une intelligence absolument sans précédent d'après mon expérience. Bonnegrâce , le peintre des portraits de Tchoumakoff et d'EH, qui attiraient tant d'attention dans les expositions, m'avait apporté, pour me faire mon avis, un de ses portraits peint à la manière de Pagnest , remarquable par la véracité de son récit. couleur et vigueur du modelage. Bien que j'aie vécu dans des conditions d'intimité la plus étroite avec les animaux et que je puisse déceler une centaine de traits de l'ingéniosité, du raisonnement et des pouvoirs philosophiques des chats, des chiens et des oiseaux, je dois admettre que les animaux manquent totalement de tout sentiment pour l'art. Jamais je n'ai vu personne remarquer un tableau, et l'histoire des oiseaux qui ramassaient les raisins dans le tableau de Zeuxis me semble une invention. C'est précisément le sentiment de l'ornement et de l'art qui distingue l'homme des brutes. Les chiens ne regardent jamais de photos et ne mettent jamais de boucles d'oreilles. Eh bien, Myrza , à la vue du portrait placé contre le mur par Bonnegrâce , sauta du tabouret sur lequel elle était recroquevillée, se précipita sur la toile et aboya furieusement contre elle, essayant de mordre l'étranger qui s'était introduit dans la toile. la chambre. Grande fut sa surprise lorsqu'elle se vit obligée de reconnaître qu'elle avait devant elle une surface plane, que ses dents ne pouvaient la saisir, et que ce n'était qu'un vain spectacle. Elle sentit le tableau, essaya de se glisser derrière le cadre, nous regarda tous les deux avec un regard interrogateur et émerveillé et revint chez elle, où elle se rendormit avec dédain, refusant d'avoir plus rien à voir avec l'individu peint. . Les traits de Myrza ne seront pas perdus pour la postérité, car il existe un beau portrait d'elle réalisé par l'artiste hongrois Victor Madarasz .

Permettez-moi de terminer avec l'histoire de Dash. Un jour, un marchand de bouteilles cassées et de verre s'est arrêté à ma porte en quête de telles marchandises. Il avait dans sa charrette un chiot âgé de trois ou quatre mois, qu'il avait été chargé de noyer, ce dont le brave garçon était très affligé, car le chien le regardait d'un air tendre et suppliant, comme s'il savait bien ce qui se passait. se passer. La raison de la peine sévère prononcée contre le chiot était qu'il s'était cassé la patte avant . Mon cœur fut rempli de pitié pour lui, et je pris soin du condamné ; a appelé un vétérinaire et a fait mettre la patte de Dash dans des attelles et un bandage. Il était cependant impossible de l'empêcher de ronger les pansements ; la patte ne pouvait être guérie , et les os n'ayant pas été tricotés, elle pendait mollement comme la manche d'un homme qui a perdu un bras. Son infirmité ne l'empêchait pas cependant d'être joyeux, vif et plein de gaieté, et il parvenait à courir assez vite sur ses trois jambes.

C'était un véritable chien des rues, un petit chien coquin que Buffon lui-même aurait eu du mal à classer. Il était laid, mais ses traits étaient d'une mobilité inhabituelle et pétillaient d'intelligence. Il semblait comprendre ce qu'on lui disait , et son expression changeait selon que les paroles qui lui étaient adressées, sur le même ton, étaient flatteuses ou injurieuses. Il roulait des yeux, retroussait les lèvres, se livrait aux tics nerveux les plus fous , ou bien souriait et montrait ses dents blanches, obtenant ainsi les effets les plus comiques dont il était parfaitement conscient. Il essayait souvent de parler ; posant sa patte sur mon genou, il fixait sur moi son regard sérieux et commençait une série de murmures, de soupirs et de grognements, d'intonation si variée qu'il était difficile de ne pas y reconnaître du langage. Parfois, au cours d'une conversation de ce genre, Dash se mettait à aboyer ou à crier, puis je le regardais sévèrement et disais : « C'est aboyer, ce n'est pas parler. Est-il possible que tu sois un animal ? Dash, se sentant humilié par cette suggestion, poursuivait sa vocalisation , lui donnant l'expression la plus pathétique. Nous avions l'habitude de dire à l'époque que Dash racontait son histoire de malheur.

Il aimait passionnément le sucre, et au dessert, lorsqu'on apportait le café , il demandait invariablement un morceau à chaque convive avec une telle insistance qu'il réussissait toujours. Il avait fini par transformer ce don purement bénévole en un impôt régulier qu'il percevait avec une régularité sans faille. Il n'était qu'un petit bâtard, mais avec la charpente d'un Thersite, il avait l'âme d'un Achille. Tout infirme qu'il fût, il attaquait, avec un courage follement héroïque, des chiens dix fois plus gros et était régulièrement et terriblement battu par eux. Comme Don Quichotte, le brave chevalier de La Manche, il partit triomphalement et revint dans une situation des plus désastreuses. Hélas! il était destiné à devenir victime de son propre courage. Il y a quelques mois , il fut ramené à la maison avec un dos cassé, ouvrage d'un Terre-Neuve, aimable brute, qui, le lendemain, joua le même tour à un petit lévrier.

La mort de Dash fut la première d'une série de catastrophes : la maîtresse de la maison où il fut frappé par l'attaque mortelle fut, quelques jours plus tard, brûlée vive dans son lit, et le même sort s'abattit sur son mari qui tentait de la sauver. . Ce n'était qu'une coïncidence fatale et en aucun cas une expiation, car ces gens étaient des plus gentils et aussi friands d'animaux qu'un brahmane, en plus d'être totalement innocents du sort tragique de notre pauvre Dash.

Il est vrai que j'ai encore un autre chien, appelé Néron, mais il est un hôte trop récent de notre maison pour avoir sa propre histoire.

(NOTE. — Hélas ! Néron a été empoisonné tout récemment, comme s'il avait soupé avec les Borgia, et son épitaphe arrive au tout premier chapitre de sa vie.)

V
MES CHEVAUX

QUE LE LECTEUR, À LA VUE DE CE TITRE, ne m'accuse pas hâtivement d'être un houleux. Les chevaux! C'est un mot prétentieux pour un homme de lettres ! *Musa pedestris* , dit Horace ; c'est-à-dire que la Muse va à pied, et le Parnasse lui-même n'a qu'un seul cheval dans son écurie, Pégase. En outre, c'est un destrier ailé et loin d'être tranquille lorsqu'il est attelé, si l'on peut croire ce que Schiller nous raconte dans sa ballade. Je ne suis pas sportif, hélas ! et je le regrette profondément, car j'aime les chevaux comme si j'en avais cinq cent mille par an, et je suis entièrement de l'avis des Arabes concernant les piétons. Le cheval est le piédestal naturel de l'homme, et le seul être complet est le centaure, que la mythologie a si ingénieusement inventé.

Néanmoins, bien que je ne sois qu'un homme de lettres, j'ai possédé des chevaux. En 1843 ou 1844, j'ai trouvé dans la terre du journalisme, lavée dans la poêle en bois du *feuilleton* , une quantité de poussière d'or suffisante pour justifier l'espoir de pouvoir nourrir, outre mes chats, mes chiens et mes pies. , quelques animaux de plus grande taille. J'ai d'abord eu deux poneys Shetland, de la taille de gros chiens, poilus comme des ours, tout en crinière et en queue, et qui me regardaient avec tant d'amitié à travers leurs longs poils noirs que j'avais plutôt envie de les faire entrer au salon. plutôt que de les envoyer à l'écurie. Ils sortaient du sucre de mes poches comme des chevaux dressés. Mais ils se sont révélés décidément trop petits ; ils auraient répondu comme chevaux de selle pour les enfants anglais de huit ans, ou comme chevaux de carrosse pour Tom Thumb, mais j'étais déjà dans la jouissance de cette silhouette athlétique et corpulente pour laquelle je suis célèbre et qui m'a permis de supporter , sans trop plier sous le fardeau, sous quarante années consécutives de fourniture de copie. La différence entre le propriétaire et les animaux était sans doute trop frappante, même si les petits poneys noirs tiraient d'un pas très vif le léger phaéton auquel ils étaient attelés avec le plus délicat harnais beige, qui semblait avoir été acheté dans un jouet. boutique .

Les journaux illustrés de bandes dessinées n'étaient pas aussi nombreux à l'époque qu'aujourd'hui, mais ils étaient assez nombreux pour publier des caricatures de moi et de mes chevaux. Il va de soi que, profitant de la latitude qu'on me laisse pour caricaturer, j'étais représenté comme d'une corpulence et d'une apparence éléphantesques, comme le dieu Ganesa, le dieu hindou de la sagesse, et que mes poneys n'étaient pas plus grands que des caniches, des rats ou des chiens. souris. Il est vrai aussi que j'aurais pu facilement porter ma paire une sous chaque bras et prendre la voiture sur mon dos. J'ai songé un instant à avoir un poney à quatre mains, mais un tel équipage liliputien n'aurait fait qu'attirer davantage l'attention. Aussi, à mon grand regret, car je les aimais déjà, j'ai remplacé mes Shetlands par deux épis gris pommelé de plus grande taille, au cou puissant, à la poitrine large, gros et bien dressés , qui n'étaient pas des Mecklembourghers , sans doute, mais clairement plus capable de m'entraîner. C'étaient toutes les deux des juments, l'une s'appelait Jane, l'autre Betsy. En ce qui concerne l'apparence extérieure, ils se ressemblaient comme deux pois, et apparemment il n'y a jamais eu de paire mieux assortie. Mais Betsy était aussi paresseuse que Jane le voulait. Pendant que l'une tirait d'un pas ferme, l'autre se contentait de trotter, de se sauver et de ne rien faire. Ces deux animaux, de même race, de même âge, et destinés à vivre dans la même étable, avaient l'un pour l'autre la plus vive antipathie. Ils ne pouvaient se supporter, se battaient dans l'écurie et se mordaient en se cabrant attelés. Il était impossible de les réconcilier, ce qui était dommage, car avec leurs crinières de porc, comme celles des chevaux de la frise du Parthénon, leurs narines frémissantes et leurs yeux dilatés de colère, ils étaient d'une beauté rare lorsqu'on les faisait monter ou descendre. l'Avenue des Champs-Élysées. Il fallut trouver un remplaçant pour Betsy, et une petite jument, de couleur un peu plus claire , car il avait été impossible de lui correspondre exactement, fut amenée. Jane accueillit immédiatement le nouveau venu et lui fit gracieusement les honneurs de l'écurie, et bientôt ils devinrent rapidement amis. Jane posait sa tête sur le cou de Blanche — on l'avait ainsi appelée parce que son pelage gris était plutôt blanchâtre — et lorsqu'ils étaient lâchés dans la cour après avoir été frottés, ils jouaient ensemble comme deux chiens d'enfants. Si on l'emmenait en voiture, celui qui restait dans l'écurie l'ennuyait visiblement, et dès qu'elle entendait au loin le tintement des sabots de son compagnon sur les pavés , elle poussait un hennissement joyeux, comme une trompette. -souffle, auquel l'autre ne manqua pas de répondre en s'approchant.

Ils venaient se faire harnacher avec une étonnante docilité et prenaient d'eux-mêmes leur place près du poteau. Comme tous les animaux aimés et bien traités, Jane et Blanche sont vite devenues familières et confiantes. Ils me suivaient sans bride ni licol, comme le chien le mieux dressé, et quand je m'arrêtais, ils mettaient leur nez sur mon épaule pour se faire caresser. Jane aimait le pain et Blanche le sucre, et toutes deux étaient folles de peau de melon. Je pourrais leur faire faire n'importe quoi en échange de ces friandises.

Si l'homme n'était pas odieusement brutal et féroce, comme il se montre trop souvent envers les animaux, ils s'accrocheraient volontiers à lui. Leur cerveau obscur est rempli de la pensée de cet être qui pense, parle et fait des choses dont le sens leur échappe ; il est pour eux un mystère et une merveille. Ils vous regarderont souvent avec des yeux pleins de questions auxquelles vous ne pourrez pas répondre, car la clé de leur discours n'a pas encore été trouvée . Ils ont pourtant un langage qui leur permet d'échanger, au moyen d'intonations encore insaisissables par l'homme, des idées rudimentaires sans doute, mais telles que peuvent être conçues les créatures dans leur sphère d'action et de sentiment. Moins stupides que nous, les animaux parviennent à comprendre quelques mots de notre idiome, mais pas suffisamment pour leur permettre de converser avec nous. D'ailleurs, comme les mots qu'ils apprennent se réfèrent uniquement à ce que nous exigeons d'eux, la conversation serait brève. Mais le fait que les animaux parlent ne peut être mis en doute par quiconque a vécu dans une certaine intimité avec des chiens, des chats, des chevaux ou d'autres créatures de cette sorte.

Par exemple, Jane était naturellement intrépide ; elle ne refusait jamais et rien ne lui faisait peur, mais après quelques mois de cohabitation avec Blanche, son caractère changeait et elle manifestait parfois une peur soudaine et inexplicable. Son compagnon, beaucoup moins courageux, devait lui raconter des histoires de fantômes la nuit. Souvent, lorsqu'elle traversait le bois de Boulogne au crépuscule ou à la tombée de la nuit, Blanche s'arrêtait net ou timide, comme si un fantôme, invisible pour moi, s'était levé devant elle. Elle tremblait de tous ses membres, respirait fort et transpirait. Si j'essayais de la pousser en avant avec le fouet, elle reculait, et tout ce que Jane pouvait faire, aussi forte qu'elle était, était insuffisant pour l'inciter à continuer. L'un de nous devrait descendre, lui couvrir les yeux avec la main et la conduire jusqu'à ce que la vision disparaisse. Peu à peu , Jane fut soumise à la même terreur, dont Blanche lui expliqua sans doute la raison une fois de retour dans leur écurie. Autant avouer que pour ma part, alors que je roulais sur une route sombre où le clair de lune produisait des alternances d'ombre et de lumière, et que Blanche s'enracinait brusquement sur place comme si un spectre lui était apparu à la tête, et refusait bouger, - elle qui était d'habitude si docile que le fouet de la reine Mab, fait d'un os de grillon avec un fil d'araignée en guise de lanière, suffisait pour la mettre au galop, - je ne pus réprimer un léger frisson ni m'empêcher de regarder dans l'obscurité était plutôt anxieuse, tandis que parfois les troncs inoffensifs de frênes ou de bouleaux me paraissaient aussi spectraux qu'un des « Caprices » de Goya.

J'ai pris un grand plaisir à conduire moi-même ces chers animaux, et nous sommes vite devenus très intimes. Ce n'était que pour la forme que je tenais les rênes, car le moindre clic de langue suffisait pour les diriger, les tourner à droite ou à gauche, les faire aller plus vite ou les arrêter. Ils apprirent vite toutes mes habitudes et se dirigèrent d'eux-mêmes vers le bureau, chez l'imprimeur, chez les éditeurs, le bois de Boulogne et les maisons où j'allais dîner certains jours de la semaine, et cela si justement qu'ils auraient fini par en me compromettant, car ils m'auraient révélé les lieux où je faisais les visites les plus mystérieuses. S'il m'arrivait d'oublier l'heure au cours d'une conversation intéressante ou tendre, ils me rappelaient qu'il se faisait tard en hennissant ou en piaffant devant le balcon.

Bien que j'aimais beaucoup parcourir la ville dans le phaéton tiré par mes deux amis, je ne pouvais m'empêcher de penser par moments au vent du nord vif et à la pluie froide quand arrivaient les mois où le calendrier républicain nommait si bien les mois de brume, de gel. , de pluie, de vent, de neige (brumaire , frimaire , pluviôse , ventôse , nivôse), j'ai donc acheté un petit coupé bleu, bordé de reps blancs, qu'on assimilait à l'équipage du célèbre nain de l'époque, une pièce d'impertinence, cela ne me dérangeait pas. Un coupé marron doublé de grenat suivit le bleu et fut lui-même remplacé par un coupé vert foncé doublé de bleu foncé, car j'ai effectivement porté un carrosse - moi, pauvre écrivain ne détenant aucune action du gouvernement - pendant cinq ou six heures. années. Et mes poneys n'en étaient pas moins gros et en bonne santé, quoiqu'ils fussent nourris de littérature, eussent des substantifs pour l'avoine, des adjectifs pour le foin et des adverbes pour la paille. Mais hélas! il y a eu, on ne sait bien pourquoi, la Révolution de février ; de nombreux pavés furent ramassés à des fins patriotiques, et Paris devint peu propice aux déplacements en calèche. J'aurais bien sûr pu escalader les barricades avec mes agiles coursiers et mon équipage léger, mais ce n'était qu'à la cuisine que je pouvais obtenir du crédit, et je ne pouvais pas nourrir mes chevaux de poulet rôti. L'horizon était sombre, couvert de gros nuages à travers lesquels brillaient des lueurs rouges. L'argent avait pris peur et s'était caché ; la *Presse* , dont j'étais, avait suspendu sa publication, et j'étais assez heureux de trouver une personne disposée à acheter mes chevaux, mes harnais et mes voitures pour le quart de leur valeur. Ce fut pour moi un chagrin amer, et je n'oserais pas dire qu'aucune larme n'a coulé sur mes joues jusqu'aux crinières de Jane et de Blanche lorsqu'elles furent emmenées . Parfois, leur nouveau propriétaire passait devant la maison ; J'ai toujours reconnu de loin leur trot vif et vif, et toujours la façon brusque dont ils s'arrêtaient sous mes fenêtres prouvait qu'ils n'avaient pas oublié l'endroit où ils avaient été si tendrement aimés et si bien soignés, et un soupir leur répondait. de moi en me disant : « Pauvre Jane, pauvre Blanche ! Je me demande s'ils sont heureux.

Et leur perte est la seule et unique chose qui m'a fait mal lorsque j'ai perdu ma mince fortune.
